Cou.ertures supérieure et inférieure
manquantes

LES
ALPES DE LA MAURIENNE

PAR

H. FERRAND

Membre de la Section de Genève du Club Alpin Suisse,
et des Clubs Alpins Français et Italien.

BERNE
IMPRIMERIE STÆMPFLI
1878

Les Alpes de la Maurienne.

Par

H. Ferrand.

(Membre de la Section de Genève du Club Alpin Suisse,
et des Clubs Alpins Français et Italien.)

Je crois qu'il est peu de touristes qui n'aient dans les Alpes leur massif favori, vers lequel ils reviennent toujours, et qu'ils explorent de préférence à tous autres. Certains caractères sympathisent mieux avec certains paysages ; les uns sont attirés par les difficultés des ascensions, les autres par les incertitudes géographiques qui entourent encore d'un voile nébuleux quelques régions reculées. Pour moi, je dois convenir que le massif du Pelvoux, vers lequel rayonnent maintenant un grand nombre de touristes, m'attire fort peu et me séduit encore moins, et je confesse qu'à l'exemple de mon excellent ami et collègue F. Reymond, je lui préfère infiniment les Alpes sauvages de la Maurienne.

C'est donc vers cette partie si belle et si peu explorée de la Savoie que j'ai encore dirigé cette année ma campagne d'été, fort étendue en projets, mais malheureusement fort maltraitée et restreinte par les orages.

J'y revins à trois reprises différentes, et chacune de ces excursions eut pour théâtre une partie différente de cette vallée, la Basse-Maurienne, là Maurienne Centrale et la Haute-Maurienne en empiétant même sur sa voisine et rivale, la Tarentaise.

Le Col de la Fraîche (2181 ᵐ).
(Basse-Maurienne.)

Tout d'abord, le 24 juin au soir, nous partions de Grenoble, mon père et moi, pour aller renouer connaissance avec notre·vieil ami, *le Roc Crotières*, si improprement appelé *Grands Moulins* par la Carte de l'Etat-Major (2462 ᵐ). Nous devions, comme l'année dernière *), monter par le versant du Graisivaudan, mais ɩs voulions descendre cette fois en Maurienne paɩ utre passage, par le *Col de la Fraîche* (2181 ᵐ), qui s'ouvre au Sud du Roc Crotières, dans les dentelures de la Crête d'Arpingon.

Nous allons donc coucher à Arvillard, joli petit village situé entre la vallée du Bens et celle du Gelon, et après une assez bonne nuit à l'Hôtel du Commerce, chez Dumas, nous nous mettions en route le 25 juin à 3 h. 50 min. du matin avec le porteur Robert François.

A 4 h. nous sommes à la Chal, à 4 ¼ h. au Moliex, après avoir laissé à droite le chemin qui mène à la Chartreuse et aux forges de Sᵗ-Hugon. Laissant alors à gauche le chemin du Bocard et du Col de la Perche,

---

*) Voir le 3ᵐᵉ Bulletin trimestriel de 1876 du C. A. F.

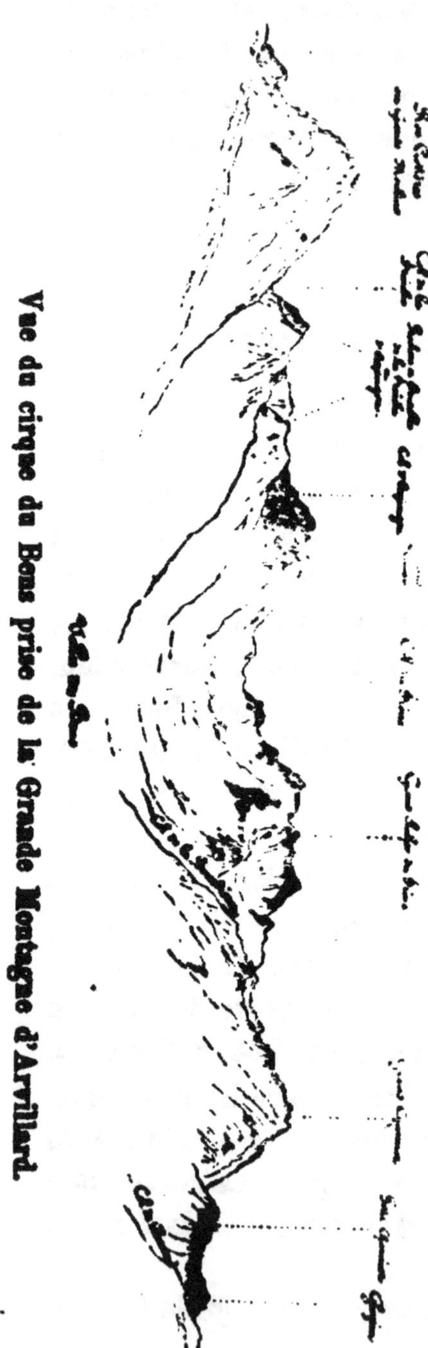

Vue du cirque du Bens prise de la Grande Montagne d'Arvillard.

nous nous élevons sur la droite par des bois taillis et une petite forêt, et nous arrivons à 6 h. 20 min. aux chalets de la grande montagne d'Arvillard (1680^m environ). Repartis à 6^3 4 h., nous passons près d'un petit col qui donne dans la vallée du Gelon ou du Bocard (7 h. 20 min.), et nous arrivons à 7 h. 40 min. à la Fontaine Bénite où nous déjeûnons.

Quittant à 8¹ 4 h. notre gentille source, nous coupons à 8¹ 2 h. le sentier du Col de la Perrière à quelques mètres en dessous de ce col. Nous sommes maintenant au pied même de notre montagne, et nous nous décidons à la contourner au Sud par le sentier du col de la Fraîche afin de la gravir plus facilement par son arête méridionale.

Malheureusement le temps s'est couvert, et les brouillards nous envahissent. Nous prenons un peu trop à droite, et nous nous apercevons bientôt en arrivant au col (2181ᵐ — 9¹/₂ h.), que nous nous sommes trop éloignés du Roc Crotières pour pouvoir revenir en faire l'ascension.

Forcés donc de nous contenter du simple passage du *Col de la Fraîche*, nous dévalons à 10 h. 20 min. par quelques affreux rochers pour gagner le vaste champ de névé qui couvre tout le cirque de la Fraîche. Quelques rapides glissades nous amènent au fond du cirque, où nous remarquons une grande étendue de *neige rouge*. Sans nous arrêter à étudier ce phénomène intéressant et encore vivement discuté, et sans nous mettre plus en peine d'ébranler certains systèmes en le constatant à moins de 2000ᵐ d'altitude, nous continuons rapidement la descente. Sur la rive droite du ruisseau, le sentier commence auprès d'une croix à 1960ᵐ d'alt. environ; on descend par de magnifiques pâturages parsemés de rhododendrons en fleurs. A 11 h. 20 min. nous atteignons les granges de la Fraîche ou de la Plagne (1750ᵐ environ), et nous passons sur la rive gauche de la combe. A midi, nous traversons quelques clairières, et à 1¹/₂ h., nous sommes à Sᵗ-Rémy, dans la vallée de la Maurienne (430ᵐ environ d'alt.).

De là, un long ruban de 6 kilomètres, bien dur à dérouler sous un soleil tropical, nous amène à 2³/₄ h. à *la Chambre*, d'où, après un maigre dîner à l'Ecu de France, nous allions à la gare prendre le train qui nous ramenait le soir même dans nos foyers.

En somme, le passage du Col de la Fraîche et de ses diverses variantes n'a rien de bien attrayant, et ses trois heures de descente trop rapide sont cruellement aggravées par le ruban qui sépare St-Rémy de la station de la Chambre. Il en est de même du Col d'Arpingon, et à mes collègues qui désireraient visiter cette partie de nos Alpes, je recommanderais bien plutôt, pour passer de la vallée du Graisivaudan dans celle de la Maurienne, le riant trajet que nous avions fait l'année dernière par le col facile de la *Perche*, près Herbariétan, au Nord du *Roc Crotières*.

Les Petites Rousses et le Grand Costa Blanc ou Grand Etendard des Rousses (3473ᵐ).

(Oisans et Maurienne Centrale.)

Le 12 juillet, je me dirigeais de nouveau vers mes Alpes préférées; mais cette fois, c'était bien un peu le chemin de l'école que nous prenions, mon père et moi, en compagnie d'un de nos amis, alpiniste émérite et membre de la section de Genève, M. Paul Devot, de Calais, et comme point de départ pour une série d'excursions en Maurienne, nous montions dans la diligence du Bourg d'Oisans. La route de l'Oisans, à travers la fameuse gorge de Livet et Gavet, avec les rapides de la Romanche, la Voudène et l'ancien barrage du lac St-Laurent, est assez connue pour que je ne m'attarde pas à la décrire. Le soir, comme nous arrivions aux Sables, où nous attendaient nos trois guides, Pierre Ginet d'Allemont, Etienne Vernay d'Oz et Nicolas Molière du Bessey, une effroyable averse éclate sur nos têtes, et ce n'est qu'au bout d'une heure et demie d'abondante aspersion que nous atteignons à Oz l'au-

berge de Genevois et le presbytère de notre hospitalier
ami, l'abbé Bayle.

Nous avions le projet de partir de très-grand matin,
et d'escalader le jour même le sommet de l'*Etendard*.
La pluie continue toute la nuit, et il ne saurait être
question du départ matinal que nous avions rêvé. A
8 h. enfin, le temps semble s'éclaircir; mais mon père,
qui a pris froid, ne peut continuer l'excursion, et re-

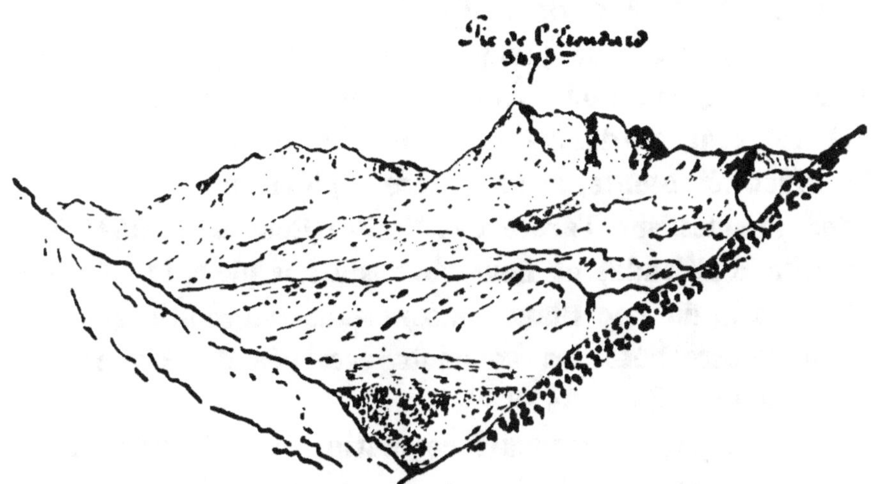

L'Etendard, vu de la gorge de Livet (Oisans).

vient au Bourg d'Oisans en compagnie de l'abbé. Devot
et moi, conservant les trois guides, nous allons tenter
de mettre la journée à profit en visitant le Lac Blanc
et les Petites Rousses. Nos préparatifs achevés, nous
quittons Oz à 9 h., et prenant la route ordinaire, que
j'ai déjà suivie l'année dernière*), nous sommes à
9 1/2 h. au Bessey. Remontant alors à droite une magnifique combe de pâturages, entre les terrains schisteux

---

*) Voir le 3ᵐᵉ Bulletin de 1876 du C. A. F.

du lias et les roches ocreuses des Petites Rousses, nous arrivons à 10³/₄ h. aux premiers chalets, à 11 h. aux chalets d'en haut, et à 11 h. 20 min. à la Croix de Poutran. Là, au lieu de tourner à gauche pour gagner les lacs Besson, nous continuons à gravir les pentes de la montagne, et à 11 h. 40 min. nous sommes au sommet des prairies, au point où la montagne d'Huez vient se souder aux contre-forts ocreux des Petites Rousses (2100 ᵐ environ d'alt.).

Nous consacrons quelques instants au déjeûner, puis à midi et demi, nous attaquons les pentes rocailleuses qui s'élèvent au-dessus de nous La roche est solide, la difficulté absente, et on avance rapidement. A 1¹⁄₂ h. nous sommes sur l'arête des Petites Rousses, à 2540 ᵐ environ d'altitude, et nous voyons à nos pieds le splendide bassin du Lac Blanc, encore plus d'à moitié glacé, et de l'autre côté les sommets escarpés des Grandes Rousses (Pic Sud, 3473 ᵐ).

Le temps, si mauvais ce matin, s'est tout-à-fait rasséréné, et nous jouissons de ce point d'un magnifique panorama sur tous les pics du massif de l'Oisans, depuis l'Aiguille d'Entre-Pierroux à gauche, jusqu'aux montagnes des Sept Laux à droite, en passant par la Roche de la Muzelle, le Clapier des Peyrons, le Signal du Lauvitel, Taillefer et Belledonne ; aussi restons-nous plus d'une demi-heure paresseusement étendus au soleil. Cependant nous n'en avons pas encore assez fait pour remplir notre journée, et revenir par le même chemin nous semblerait une profanation ; nous nous décidons en conséquence à escalader la cime des Petites Rousses, ce qui sera une excellente préparation à l'ascension de demain

Nous remontons l'arête par une pente douce, entremêlée de névés et de rocailles, et nous voyons à chaque minute grandir notre horizon et se creuser le vallon du Lac Blanc et du Lac de la Fare. Bientôt ce dernier apparaît, aussi glacé que son voisin, et à 3 ¼ h., nous sommes sur le point culminant des Petites Rousses, à 2813 m d'altitude.

Le Grand Etendard, jusqu'alors voilé par les nuages, se découvre tout-à-coup, et je montre à Devot notre but du lendemain. Puis à 3 h. 50 min., après une

L'Etendard, vu du sommet des Petites Rousses.

longue contemplation, comme il serait malsain de passer la nuit à ces hauteurs, nous songeons à la descente. Au lieu d'aller faire le tour au Lac de la Fare, Molière propose une spéculation. Nous nous laissons donc glisser au Nord-Est sur de rapides pentes de névés, puis, arrivés aux rochers nous apercevons la spéculation de Molière. Quel atroce couloir! Une malheureuse fente dans une paroi de rochers presque verticale, et ayant près de 300 m de haut, c'est ce qu'il appelle la Cheminée le long du Fara. Engagés à la file dans cette fissure, et nous tenant fort rapprochés de crainte des chutes de pierre, nous exécutons une gymnastique bien sentie ; puis arrivés aux prairies, nous dévalons rapidement jusqu'aux chalets de l'Alp tta (2010 ᵐ environ) où nous allons passer la nuit (5 h. 50 min.).

Le 14 juillet, après un bon somme dans le foin, nous sommes sur pied à 3 h. du matin. Mais le ciel est de nouveau voilé par des nuages menaçants, et nos guides semblent penser que la retraite serait le parti le plus sage. J'insiste pour nous mettre en route quand même, Devot se rallie à mon avis, et après une courte collation, nous partons à 4 ¹⁄₂ h.

Les pâturages sont bientôt traversés ; à 4 ³⁄₄ h. nous atteignons les éboulis et les rochers, et nous nous élevons de nouveau sur la chaîne des Petites Rousses par le sentier de la Combe de la Fare. A 5 ³⁄₄ h. nous sommes à 2450 ᵐ environ, sur une petite terrasse où commence à s'élever le chalet de la Société des Touristes du Dauphiné. Quelque temps après, nous arrivons à 2700 ᵐ environ, dans un site des plus sauvages, sur les bords du Lac de la Fare, que nous contournons au Nord par des éboulis parsemés de névés. Nous sommes maintenant au pied des Grandes Rousses, et nous abordons la région de leurs glaciers (7 h. 20 min). Une petite moraine est bientôt grimpée, puis nous traversons un petit glacier, et au milieu de la seconde moraine, sous une grosse pierre, à 2990 ᵐ d'altitude environ, nous sentons à 7 ³⁄₄ h. le besoin de procéder à un second déjeûner.

A 8 ¹⁄₂ h. nous nous remettons en route ; l'adresse de Ginet nous fait traverser sans peine le grand glacier, d'ailleurs peu incliné, et à 9 h. 10 min. nous sommes au pied de la dernière muraille. On s'élève derrière un éperon rocheux qui s'avance vers la gauche dans le glacier, et l'on monte une sorte de combe d'éboulis dont la pente va en s'accélérant, et qui n'est bientôt plus qu'une cheminée ; mais la roche est bonne, le pied tient partout, et les névés qui ont rendu quelque peu difficile il y a six jours l'ascension de nos amis Perrin et Juillien, de la Société des Touristes, ont à peu près complètement disparu. A 10 h. 10 min. nous escaladons le contrefort de droite pour prendre un autre couloir plus commode que le premier, et nous arrivons au sommet à 11 h. 10 min. sans avoir rencontré de difficultés : le baromètre marque 3475 ᵐ.

De ce pic, que notre célèbre collègue, M. G. Studer, escaladait troisième en juillet 1878*), la vue est vraiment splendide. Pour nous, elle est un peu gênée par les nuages. Voici cependant devant nous les trois fières Aiguilles d'Arve, et plus près le Grand Sauvage, puis la Medje**) et sa terrible pyramide, le Pelvoux, les Ecrins en partie voilés, l'admirable chaos des montagnes de l'Oisans, puis l'Obiou et les pics du Dévoluy, les montagnes du Vercors et d'Autrans, les collines de l'Ardèche et du Vivarais, les plaines de Lyon, au-dessus de la chaîne de Belledonne et du massif de la Chartreuse, tous les pics de la chaîne d'Allevard, le Rocher Blanc, la Pyramide, l'Aiguille Equard, le Grand Gleyzin, le Clocher du Frêne, les Bauges sur lesquelles se forme l'orage, et à côté de la masse imposante du Mont Blanc,

---

*) Annuaire IX, S. A. C., p. 3, etc. Note de la rédaction.
**) La Meije de la carte de Tuckett. Note de la réd.

Vue de l'Étendard vers le Sud-Est.

les glaciers étincelants de la Vanoise, la Grande Casse, le Mont Pourri, et les pics de la frontière italienne.

J'inscris sur le registre *) le procès-verbal de notre ascension qui est déjà la douzième, tant la montagne a été visitée depuis l'an dernier. Le thermomètre indique $3\,^1/_2\,^\circ$. Mais l'orage qui nous menaçait ce matin, s'est rapproché, et à peine avons-nous jeté un coup d'œil sur le massif que nous dominons en entier, sur la vallée d'Arve où nous allons descendre, et sur les montagnes de la Haute-Maurienne qui se présentent pures et limpides à nos yeux, que la voix des guides nous rappelle à la prudence et nous force à partir.

Nous quittons le sommet à 11 h. 40 min.; la corniche de neige surplombe un peu moins

------

*) La Société des Touristes du Dauphiné a fait placer sur les principaux pics du Dauphiné un registre où s'inscrivent les ascensionnistes.

Vue de l'Etendard:
La chaîne méridionale des Rousses.

cette année que lors de ma première ascension. Molière la franchit avec son intrépidité ordinaire, et bientôt tous réunis à la corde, nous glissons sur le dôme de glace avec une rapidité qu'accélèrent les roulements du tonnerre. Les crevasses sont évitées, et parvenus en quelques minutes sur le plan du glacier de St-Sorlin, nous admirons la tourmente qui commence à se déchaîner au haut du Grand Costa Blanc. Dès lors il ne peut plus être question d'escalader le Grand Sauvage comme nous nous l'étions proposé, et pour sortir au plus tôt du glacier, nous laissons à gauche la direction que j'avais suivie l'an dernier (chemin des granges de la Balme), et nous descendons directement sur les chalets de Rieublanc. La fin du glacier de ce côté est bien un peu scabreuse, quelques crevasses recouvertes d'une neige trop molle s'ouvrent perfidement sous nos pieds, mais néanmoins lorsqu'à 1 h. de l'après-midi les dernières fureurs de la tempête nous atteignent, nous sommes au bas du glacier, à 2600^m d'altitude.

En ce point, il vaut mieux tenir la gauche vers la fin du glacier, car étant descendus trop à droite, nous avons à en traverser, non sans peine, l'assez fort écoulement; bientôt nous trouvons un sentier qui descend dans la gorge, la pluie cesse, et à 1 h. 20 min. nous nous arrêtons à 2400^m pour faire une nouvelle collation.

L'ascension était finie, et repartis à 2 h. nous étions à 2^1/$_2$ h. aux granges de Rieublanc (2060^m environ), et après une halte d'un quart d'heure auprès d'une gentille source, en suivant un bon sentier qui serpente au milieu de magnifiques pâturages, nous rejoignons à 3 ¹/₂ h. la route qui par le col des Prés-Nouveaux relie l'Oisans à la Maurienne à travers les plateaux de Besse et la vallée d'Arve. A 4 h. nous étions à Sᵗ-Sorlin d'Arve (1600 ᵐ), et à 5 h. nous arrivions à l'auberge de la Tour de Sᵗ-Jean d'Arve (1650 ᵐ).

Un bon souper et une bonne nuit chez Arlaud nous remettent de nos fatigues. Mais le 15 juillet, au réveil, une pluie diluvienne arrosait la vallée et rendait impossible toute nouvelle excursion. Nos trois guides alors, qui se sont montrés des plus complaisants et des plus dévoués, rentrent chez eux par le Col de la Croix de Fer, tandis que, bien enveloppés dans nos plaids, nous descendons à mulets à Sᵗ-Jean de Maurienne par le Col d'Arves (1800 ᵐ environ) en quatre heures.

Dans la capitale de la Maurienne, l'orage qui continue avec violence et qui semble des mieux établis vient interrompre définitivement l'exécution de nos projets, et après avoir vainement attendu le beau-temps, nous rentrions, Devot à Aix, et moi dans mes foyers, après nous être promis de nous retrouver à quelques jours de là à la Réunion alpestre du Petit Sᵗ-Bernard.

Ainsi l'ascension du *Grand Etendard* des Rousses, *Pic Nord* des Rousses ou *Grand Costa Blanc*, qui vient d'être fort heureusement exécutée par 12 touristes et autant de guides après les fêtes du Deuxième Congrès du C. A. F. à Grenoble, ne présente pas de difficultés sérieuses, et offre au touriste le merveilleux panorama que l'on doit attendre de son élévation (3478 ᵐ) et de sa position spéciale entre les montagnes de l'Oisans et celles de la Maurienne. Les guides qui vous conduisent en un jour et demi d'Oz ou d'Allemont à St-Jean d'Arve sont payés au prix de 28 fr. retour compris, et l'achèvement récent du refuge de la Fare, élevé par la Société des Touristes rend encore plus facile cette intéressante excursion.

Résumé: 1er jour: D'Allemont (auberge Pierantoni, 1 h. de marche des Sables où l'on quitte la voiture) à Oz (auberge Genevois), 3/4 d'heure. — D'Oz au Bessey, 3/4 d'heure. — Du Bessey à l'Alpetta, 2 h. — De l'Alpetta au refuge de la Fare, 1 1/2 h.; total: 5 heures.

2e jour: Du refuge au pied des roches, 2 3/4 h. — Escalade des rochers, 2 h. — Du sommet au bas du glacier, 2 h. — Du bas du glacier à St-Sorlin d'Arve, 2 à 3 h. — De St-Sorlin à St-Jean d'Arve, 1 h. — De St-Jean d'Arve à St-Jean de Maurienne, 4 h.; total: 14 heures.

Total de l'excursion: des Sables à St-Jean de Maurienne: 19 à 20 heures.

Ascension de la Levanna (3607 m) et premier passage du Col du Bouquetin (3382 m).

(Haute-Maurienne et Tarentaise.)

Le temps n'avait pas cessé d'être mauvais depuis mon retour de l'Etendard, et il n'avait pas été possible de songer à se remettre en route. Cependant les jours s'écoulaient, la saison s'avançait, et bientôt je ne pourrais plus quitter Grenoble; je résolus donc de partir quand même et d'aller voir si la pluie qui avait décidément élu domicile dans le Dauphiné ne laisserait pas au soleil un seul coin des Alpes. Je fis venir mon guide Pierre Ginet, d'Allemont (Oisans), et le 26 juillet me voyait reprendre par un assez mauvais temps la route de la Maurienne. Mais cette fois lassé des chemins de l'école, et surtout empêché par l'orage de faire, en passant aux Sept-Laux, une nouvelle visite au Pic de la Pyramide (3000^m environ), je m'y rendais directement, et je prenais à 9 h. 50 min.. du matin le train de Chambéry, en compagnie de Ginet, le meilleur guide d'Allemont, qui allait m'accompagner durant toute l'excursion.

Laissant à gauche à Montmélian la ligne de Chambéry, nous voyons en passant les travaux du tronçon d'Albertville qui sera sans doute plus tard continué jusqu'à Moutiers, nous entrons à Chamousset dans la gorge de la Maurienne, et nous arrivons toujours avec la pluie à Modane à 8 h. 10 min. (1073^m d'alt.).

Le courrier de Lans-le-bourg en repart à $3^3/_4$ h., la gorge devient de plus en plus resserrée et sauvage ; on passe en face du fort Lesseillon, sombre nid d'aigle perché au bord d'un affreux précipice, on traverse Thermignon au pied de la Dent Parrachée (3712^m), et remontant toujours l'Arc, nous arrivons à 7 h. 10 m. à Lans-le-bourg, où nous sortions enfin de la zône pluvieuse.

Le léndemain, le temps se mettant décidément au beau, nous remontons allègrement la vallée de l'Arc qui prend à partir d'ici un caractère tout particulier de poésie grande et sauvage. Quittant à $5^1/_2$ h. Lans-le-bourg (1400^m d'alt.), nous traversons à $6^1/_4$ h. Lans-le-villard, divisé par l'Arc en deux parties, et nous gravissons le Col de la Magdeleine. Les sommets environnants, les glaciers de la Vanoise, la Dent Parrachée et la Pointe de Charbonnel, nous apparaissent légèrement saupoudrés de neige fraîche. A 7 h. au sommet du col (1756 ᵐ), qui fut sans doute le barrage d'un ancien lac, nous sommes à l'ouverture du bassin de Bessans qui s'étend devant nous comme une plaine fertile. Arrivés à 8 h. à Bessans nous nous y rafraîchissons en compagnie du facteur rural chez Michel Garinot (auberge fort convenable). Nous laissons à droite le vallon du Ribon qui remonte vers Rochemelon, et le vallon d'Avérole qui va au col d'Arnès, et suivant paisiblement l'Arc, nous passons auprès d'une magnifique carrière de serpentine, dite marbre de Bessans, et à 10 h. nous entrons à Bonneval (1835 ᵐ), au pied du Col d'Iseran, dans l'excellente auberge du père Culet.

Jean Culet, qui fut le premier et le meilleur guide de ces régions, est retenu par l'âge et les infirmités; mais il me donne pour guide son neveu Blanc Jean Joseph dit le Greffier, fort chasseur de chamois, qui ne consent à m'accompagner que muni de sa lourde carabine.

A 3¼ h., après dîner, nous partons pour aller faire l'ascension longuement préméditée de la Levanna, et chercher ensuite un nouveau passage entre les sources de l'Arc et les sources de l'Isère, dans les dentelures de la chaîne à l'Est du Col d'Iseran. Nous continuons à remonter l'Arc qui à Bonneval change brusquement de direction et vient maintenant de l'Est; à 4 h. nous laissons sur la gauche l'Ecot, le dernier hameau habité de la Maurienne (2000 ^{m} d'alt.), et nous arrivons à 5 h. aux granges de la Duys (2161 ^{m}) dans le plus haut bassin de l'Arc. Quittant un instant notre direction, nous allons visiter la source inférieure de l'Arc (2188 ^{m}), qui sort par une vaste ogive de glace du bas de l'immense glacier sur lequel nous allons planer demain; puis revenant au Nord le long des flancs de l'Ouille de Pariote, nous allons dans une petite combe chercher les chalets de Leschand (l'Echange sur la carte italienne 2350 ^{m} environ), où nous allons passer la nuit (6 h. 20 min.).

Le 17 juillet, nous nous réveillons dans le brouillard, à 4 h. du matin. J'ordonne néanmoins le départ, et, les dernières mesures prises, nous nous mettons en marche à 4³/4 h., remontant au Nord-Est la combe de Leschand en suivant le sentier du Col du Carro, entre l'Ouille de Pariote à l'Est et l'Ouille de Rei à l'Ouest. A 5 h. 5 min. nous arrivons à la fin des pâturages, au Plan des Bennesses, petit replat rocailleux (2550 ^{m}), derrière l'Ouille de Pariote et presque au pied de l'Aiguille de Gontière, où nous quittons le sentier du Col du Carro. Nous prenons à l'Est et après avoir escaladé quelques moraines, nous arrivons sur le plateau du glacier de la Levanna ou du Carro (3000 ^{m} environ), 6¹/₂ heures.

De cet immense plateau qui s'étend presque horizontalement au pied de la muraille terminale sur une largeur variable et un développement de 5 à 6 kilomètres, on doit jouir d'une fort belle vue sur le massif de la Vanoise; mais les brouillards nous enveloppent toujours et nous dérobent presque la vue de notre but.

Nous laissons là les sacs et les bagages, et traversant le glacier vers l'Est nous abordons, après avoir franchi quatre crevasses encore peu ouvertes, une longue pente de névé. Les rocailles qui la surmontent sont gravies sans difficulté, nous arrivons sur l'arête frontière, et à 8 $^1/_2$ h. nous sommes au sommet de la Levanna (3607 ^{m}).

L'étroit sommet qui domine à pic les montagnes italiennes à l'Est et le glacier des sources de l'Arc ou du Col de Girard à l'Ouest émerge enfin des brouillards, qui oscillent et se déchirent peu à peu. Une vue magnifique se déroule alors à nos yeux.

A l'Est, en Italie, c'est d'abord l'imposant massif du Grand Paradis (4045 ou 4172 ^{m}), au fond la vallée de Cérésole, à gauche les pâturages de Nivolet et le Val Savaranche, la Grivola, le Cervin, plus à gauche encore et vers le Nord le Vélan, le Combin, le Colon, le Mont Blanc de Cheillon, et au-dessus de l'Aiguille Rousse et de la Galise, le massif étincelant du Mont Blanc; à droite, c'est le Mont Rose et les Alpes du Tyrol, puis les plaines du Piémont, le cours du Pô et les cimes des Apennins.

Au Sud, ce sont les différents pics de notre chaîne, la Levanna Centrale (3615 ^{m}), et ses pentes affreuses, le Mont Collerin, la Ciamarella, l'Albaron, l'Aiguille de Charbonnel et le Rochemelon; dans le lointain, le Mont Viso et Rochebrune ou le Bric Froid.

A l'Ouest, le brouillard persiste encore et nous cache le Mont Pourri; mais nous distinguons les Aiguilles d'Arve et de Goléon, la Grande Casse, le Grand Roc Noir, l'Aiguille de Méan Martin, et le massif de l'Aiguille Pers, dominé par la Grande Parei.

En présence de ce magnifique panorama, nous bravons le vent glacial pendant une heure et demie. Après une légère collation, je joins dans la bouteille ma carte à celles de MM. Luigi Vaccarone, Bernardi, Bertetti, Violla et Frova (20 août 1874) et Pendlebury, Taylor et Cust (15 juillet 1875), puis à 10 h. nous nous préparons à la descente, après avoir soigneusement étudié à la lunette le nouvel itinéraire que nous nous proposons de suivre entre l'Aiguille Rousse et la Cime du Carro.

A 11 h., nous sommes de retour sur le plateau du glacier au point où nous avons laissé nos bagages. Nous suivons le glacier en longeant la base des rochers du Carro, nous passons au-dessus du Lac Blanc et du Lac Noir, et à 11¹/₂ h. sur une arête rocheuse (3030ᵐ environ), nous procédons à un second déjeûner. Remis en marche à midi et demi, nous arrivons bientôt aux séracs qui terminent le glacier, et nous cheminons à travers des rocailles. et des éboulis. A 1¹/₂ h. nous sommes au-dessous de la Brèche du Carro, et nous entrons alors dans une sorte de gorge qui remonte vers l'Aiguille de Gontière, ou plutôt vers la pointe 3482ᵐ. A 2¹/₂ h. nous sommes au fond de cette gorge rocheuse au pied d'un long et rapide couloir de glace qui conduit à une brèche praticable entre la pointe 3482 et la Cime du Carro. Blanc Greffier en tête taille les marches, et la corde vient compléter notre sécurité. A mi-hauteur un léger bruit nous fait relever la tête, et au sommet nous apercevons un superbe bouquetin qui nous regarde curieusement.

Encore quelques efforts, et à 3¹/₂ h., nous sommes

au sommet de ce col nouveau, que je baptise Col du Bouquetin (3382 ᵐ). Nous sommes précisément au point où le massif de l'Aiguille Pers ou d'Iseran qui va ensuite former le massif de la Vanoise vient se rattacher à la chaîne frontière, et nous pourrions descendre aussi bien en Italie qu'en Tarentaise. La vue qui est fort belle et gênée seulement à l'Ouest par la pointe 3482, est à peu près la même que celle de la Levanna.

Le temps nous presse de repartir, et nous suivons l'arête de la Cime d'Oin, en contemplant toujours de fort beaux points de vue sur la Tarentaise et sur les vallées italiennes qui entourent le Grand Paradis. Après avoir dépassé la Cime d'Oin (3314 ᵐ), nous quittons l'arête et nous redescendons à gauche sur le grand glacier des sources de l'Isère. Continuant à nous diriger au Nord nous atteignons à 4 h. 20 min. le Col de la Vache (3035 ᵐ environ), et longeant toujours sur le versant français la Cime du Grand Cocor, nous rejoignons à 4¹/₂ h. le chemin du Col de la Galise à quelques mètres en dessous de ce col (2980 ᵐ environ).

Durant tout ce trajet qui présentait quelques difficultés, l'adresse et l'intrépidité de Blanc m'ont rendu des services presque aussi signalés que l'expérience et la fermeté de mon fidèle Ginet.

En quelques minutes nous sommes au bas du glacier, et nous suivons alors les sinuosités du sentier qui, pour éviter les séracs du bas du glacier de gauche, ou les abîmes rocheux du milieu du cirque, découpe les pâturages sur le flanc droit de la vallée. La descente se fait rapidement, et l'admirable panorama de la Haute-Tarentaise, qui s'est enfin dépouillé de ses brouillards, disparaît peu-à-peu à nos yeux. Nous sommes bientôt au niveau du bas du glacier et des grandes ogives par où s'en échappent les sources de l'Isère. A 5³/₄ h., nous atteignons le cirque verdoyant du Prarion (2300ᵐ environ). A 6 h. nous entrons dans l'étroit défilé du Malpasset; à 6¹/₂ h. nous sommes aux chalets de Sᵗ-Charles, et à 7¹/₄ h. au Fornet, le plus haut hameau de la Tarentaise, où je me sépare à regret du brave Blanc Greffier. Les derniers pas, quoique sur un bon sentier, sont les plus pénibles, et ce n'est qu'à 7³/₄ h. que nous arrivons, Ginet et moi, à Laval de Tignes.

Les résultats de cette journée, longue et fatigante, mais exempte de difficultés sérieuses, avaient été fort satisfaisants: j'avais pu de ce magnifique belvéder de la Levanna étudier en détail l'orographie encore peu connue de ce massif de la Haute-Maurienne et en particulier de la chaîne du Col d'Iseran, j'avais joui d'un immense panorama sur les montagnes et les plaines de l'Italie, et j'avais ouvert aux touristes un nouveau et pittoresque passage de la Maurienne à la Tarentaise. Aucun touriste français n'était, je crois, arrivé avant moi au sommet de la Levanna, et j'étais le premier alpiniste qui eût foulé le Col du Bouquetin. Si cette dernière excursion présente quelques difficultés, en revanche, l'ascension de la Levanna occidentale n'en présente aucune, et je ne saurais trop la recommander à mes collègues.

Résumé: 1ᵉʳ jour: de Bonneval à l'Ecote, ³/₄ d'heure. — De l'Ecote aux granges de la Duys, 1 h. — Des granges de la Duys aux chalets de Leschand, ³/₄ d'heure. — Total: 2¹/₂ héures.

2° jour : des chalets de Leschand au plateau du glacier, 1³/₄ h. — Du plateau du glacier au sommet de la Levanna, 2 h. — Du sommet au plateau, 1 h. — Du plateau au pied du couloir, 2¹/₂ h. — Du pied du couloir au Col du Bouquetin, 1 h. — Du Col du Bouquetin au Col de la Galise, 1 h. — Du Col de la Galise au Prarion, 1¹/₂ h. — Du Prarion aux chalets de St-Charles, ¹/₂ h. — Des chalets de St-Charles au Fornet, ³/₄ d'heure. — Du Fornet à Laval de Tignes, ¹/₂ h. — Total : 12¹/₂ heures.

Total de l'excursion de Bonneval à Laval de Tignes : 15 heures.

La vallée de Tignes et de Sainte-Foy.
(Tarentaise.)

Laval de Tignes fait exactement en Tarentaise le pendant de Bonneval en Maurienne, dont il n'est séparé que par le Col d'Iseran. De même que Bonneval (1835ᵐ), Laval (1849ᵐ) s'élève au milieu d'un bassin assez verdoyant au pied d'un petit bosquet de bois. Le clocher de son église se voit de tous les pics environnants, et l'on trouve à l'auberge Bonnevie un accueil empressé, un souper confortable et surtout deux bons lits bien précieux après une marche forcée.

Le 28 juillet, après une nuit de repos bien mérité, nous quittions à 7 h. 40 min. Laval de Tignes et nous nous mettions à descendre cette admirable vallée de la Haute-Tarentaise, dont les beautés tant vantées sont au-dessus de tout éloge. L'Isère qui murmure à côté de nous, traverse d'abord tranquillement le cirque de Laval, puis gronde sourdement dans l'étroite et sauvage gorge qui conduit au vallon de Tignes. A Tignes (8 h. 50 min.), j'ai la bonne fortune de rencontrer dans une excellente auberge mes amis Sestier, Petèrs et Dufour, de Lyon, à qui les brouillards d'hier ont interdit l'accès du Mont Pourri, et qui se rendent à la réunion italienne de Gressoney par le Col de la Galise et le Grand Paradis.

Remis en route à 10¹⁄₂ h., je ne savais qu'admirer le plus des sites pittoresques et sauvages qui se succédaient à chaque pas, des neiges étincelantes du Mont Pourri aujourd'hui découvert, ou des magnifiques cascades qui grondaient autour de nous. A 11¹⁄₄ h., je passais à Brevières, où cesse le tronçon de route qui part de Laval, à 1¹⁄₄ h. à la Thuile et à 1³⁄₄ h. à Ste-Foy, où la gorge s'élargit.

Ici, je vais en passant examiner les trop fameux éboulements du Roc Rouge qui dévastent le village du Miroir et le vallon du Nant de St-Claude, et après un bon dîner, repartant à 4 h. de Ste-Foy, nous passions à Séez à 5¹⁄₂ h. et à 6 h. nous arrivions à Bourg-St-Maurice.

L'hotellerie Cense nous offre un accueil cordial et empressé et la bonne nuit que nous y passons achève de me remettre de mes fatigues. Nous sommes au pied du Petit St-Bernard où s'apprête la fête de la Section d'Aoste; déjà tout est en mouvement dans le pays, et les guides et leueurs de montures voient poindre l'aurore d'un beau jour. Le Dimanche 29 juillet, les paysans et paysannes des environs revêtus de leurs pittoresques costumes affluent au Bourg ; j'examine quelques instants cette foule bigarrée, puis à 8¹⁄₂ h., toujours suivi de mon brave Ginet, je me mets en route pour gagner par Séez, Villard-dessus et St-Germain, l'hospice du Petit St-Bernard, où nous arrivons à Midi.

Fêtes du Petit Saint-Bernard.

Le Belvéder (2640ᵐ); le Grand Mont Favre (3250ᵐ); le pic de Lancebranlette (2933ᵐ).

(La Tarentaise.)

Nous tombions au milieu des apprêts de la fête de la Section d'Aoste, dont s'occupaient avec un zèle et une activité sans bornes mes amis Defey et Darbellay, vice-président et secrétaire de cette section, secondés par le dévouement bien connu de M. le chevalier Chanoux, recteur de l'hospice du Petit St-Bernard. Ils me conduisent à l'extrémité italienne du plateau, où sur un mamelon qui domine un charmant petit lac et possède une fort belle vue sur la chaîne du Mont Blanc, commence à s'élever la tente de feuillage qui doit abriter la table du banquet.

Puis je profite de l'après-midi pour faire en 1³⁄₄ h. de l'hospice la classique et facile ascension du Belvéder (2640ᵐ). Le temps brumeux me cache malheureusement la plus grande partie de ce panorama si renommé, et ne me permet que d'observer encore la chaîne du Mont Blanc qui présente de ce côté un aspect presque terrifiant. Je redescends ensuite vers la tente par les clapiers septentrionaux, et j'y retrouve mes amis Perrin et Millioz qui viennent d'arriver. L'hospice commence à se remplir de visiteurs pressés.

Mais désireux de profiter de cette occasion pour faire plus ample connaissance avec un massif de montagnes que nous ne connaissions que de nom, nous quittions l'hospice le lendemain à 6 h. du matin, mon ami Perrin et moi, pour aller, toujours suivis de Ginet,

Vue de la tente du dîner au Petit St-Bernard sur la chaîne du Mont Blanc: Aiguilles du Glacier et de Trélatête.

essayer l'ascension du Berrio Blanc ou Grand Mont Favre (3259^m), point culminant de la chaîne escarpée qui sépare le Val Veni ou Allée Blanche du vallon du Petit St-Bernard, et dominant le belvéder renommé du Crammont. Mais nous ne pouvons nous procurer aucun guide du pays, et le défaut d'informations précises, nous fait manquer le seul passage qui donne accès aux pentes supérieures de cette montagne, bien plus difficile que ne le dépeint notre collègue l'abbé

Gorret.*) Nous ne pouvons, par un couloir extrêmement dangereux, que nous élever à 2750 m environ d'altitude, et à 11 ½ h. nous nous décidons à rétrograder.

A Midi et demi nous sommes de retour au chalet des Chavannes (2400 m environ), où nous déjeûnons et d'où en contemplant la montagne, nous voyons qu'il nous eût suffi d'incliner un peu plus à gauche pour gagner un passage praticable jusqu'au sommet. Du côté du joli vallon des Chavannes, la montagne est sillonnée d'une infinité de couloirs; c'est par celui qui est le plus saillant et dont le torrent se prolonge bien marqué jusqu'au fond du vallon qu'il faut s'élever, et en prenant à gauche par quelques touffes d'herbes aussitôt la première ceinture d'escarpement traversée, on rejoint une corniche qui permet de gagner sans peine l'arête septentrionale relativement facile de la montagne.

En revenant par le vallon des Chavannes, et en passant auprès d'une vieille mine abandonnée, nous rencontrons de nombreux pieds de Gnaphalium leontopodium ou Etoile des glaciers, et nous faisons une abondante moisson de cette jolie fleur si connue sous son nom allemand d'Edelweiss.

Partis à 1 ¼ h. du chalet des Chavannes, nous repassons à 3 h. le pont de Chaponteil, et à 4 ½ h. nous sommes de retour à l'hospice du St-Bernard.

Les touristes sont arrivés de toutes parts, et c'est maintenant sur ce plateau un mouvement et une animation qui ne s'y sont peut-être jamais vus. Je retrouve

---

*) Voir l'Annuaire du C. A. I., année 1876, n° 28, p. 393.

comme nous en étions convenus, mon ami Devot, qui accompagné de deux guides de Chamounix vient de faire l'ascension du Grand Paradis, le jour même où j'étais sur la Levanna. Voici M. Talbert, le vice-président du C. A. F., notre collègue Briquet, M. Budden, président de la section de Florence du C. A. I., M. Martin Franklin, président de la section de Chambéry, et tous mes amis de la section de Savoie, Bérard, Chalin, Domenge, de Jussieu et ses deux charmantes filles, les Lyonnais Raymond, Dufour, et surtout les Italiens, Corona, l'intrépide ascensionniste du Cervin, l'abbé Gorret, Artaria, Perrod, St-Martin, etc.

Le récit de ces fêtes magnifiques et si bien réussies ne saurait rentrer dans le cadre de cette étude. Mais après un joyeux souper qui dut se diviser en deux fractions et une excellente nuit, le soleil splendide qui se levait le 31 juillet voyait une centaine d'alpinistes de tout âge et de toutes nations escalader en petits groupes les pentes gazonnées de la Lancebranlette (2933 ᵐ).

Un coup d'œil splendide nous attendait au sommet de la facile montagne. C'est un chaos de pics à donner le vertige, et l'artillerie des lorgnettes et des longues-vues dont quelques-unes ressemblent à de petits canons, passe de mains en mains. Bérard dessine son Mont Pourri et ses neiges splendides. A l'Est de cet imposant massif, voici la Grande Sassière et plus près le Rnitor, dominant les nuages de poussière qui s'élèvent des éboulis de Ste-Foy. Nous voyons tous les pics du Mont Rose, le Mont Cervin; le Mont Blanc nous montre tous ses replis et tous ses passages. A l'Ouest

la Tournette s'élève au-dessus des Bauges, les pics du Dauphiné et de l'Oisans sont encore visibles : l'Etendard, la Medje, le Pelvoux, les Ecrins puis plus près les cimes de la Maurienne, les glaciers de la Vanoise, la Pointe des Grands Couloirs et la Grande Motte. Nul obstacle ne gêne le regard qui plonge dans toutes les vallées.

On redescend enfin et groupés sur l'herbe, aux accents de la fanfare d'Aoste, nous savourons l'agréable déjeûner qui nous est offert par l'Ordre des St-Maurice et Lazare, et que M. Talbert, dans une humouristique improvisation au Roi soleil, appelle le plus beau jour de sa vie.

Peu à peu on regagne l'hospice, et à 4 h. nous

sommes de nouveau tous réunis sous la tente de feuillage, où un dîner magnifique, égayé par la présence de nombreuses dames, M⁽ᵐᵉ⁾ Briquet, les demoiselles de Jussieu, les dames Duc, M⁽ᵐᵉ⁾ Peruzzi, la signora Florentina, femme du sous-préfet d'Aoste, vient cimenter les liens qui s'établissent entre tous les convives. De nombreux toasts sont prononcés, l'orchestre joue des marches entraînantes, puis il change de note pour conduire le bal champêtre auquel prennent part les paysans montés des environs. La soirée s'avance et la nuit s'épaissit, quand tout-à-coup à un signal parti de l'hospice, des feux de Bengale s'allument sur tous les points environnants et viennent dissiper les ténèbres en donnant à toute cette scène un aspect vraiment satanique. A 10 h. les derniers feux s'éteignent, les derniers accents des chansons et des rires s'évanouissent, la fête est finie et chacun va chercher dans le repos des forces pour les excursions du lendemain et notamment pour la belle ascension du Ruitor.

Devot et moi, désireux de reprendre de suite nos excursions dans le massif de la Vanoise, nous descendions immédiatement à Bourg-St-Maurice avec le docteur Petersen, ancien président du C. A. A. et notre ami Artaria.

Le 1ᵉʳ août, après une mauvaise nuit à l'hôtel Maillet où nos guides nous ont rejoints, nous essayons d'aller prendre au Mont Pourri la revanche de nos collègues lyonnais. Mais la fière montagne se joue aussi de nous. A mesure que nous nous élevons dans le Val Pesey, le ciel se couvre et les nuages s'épaississent, si bien qu'à 5¾ h. quand, après avoir traversé Landry et les divers hameaux de Pesey, nous arrivons aux chalets des Lanches, nous sommes atteints par une pluie diluvienne qui nous force à y chercher bien vite un refuge (1540 ^{m} environ), avant d'avoir atteint le chalet de la Sévolière où nous comptions passer la nuit. Le lendemain, la gorge est entièrement dans le brouillard et la pluie continue. Inutile donc de déranger Poccard, et prenant congé de Jean Trésalet, notre hôte complaisant, nous battons en retraite sur Landry, d'où une voiture de Maillet nous emmène au grand trot jusqu'à Moutiers.

Après une après-midi de repos et une nuit de comfort dans la capitale de la Tarentaise, nous étions tout ragaillardis. Aussi voyons-nous avec le plus grand plaisir les nuages s'écarter et le soleil redorer l'horizon. Nous remercions donc Mme Viziox de sa gracieuse hospitalité, et nous remontons au pas allongé de notre Bucéphale la gracieuse vallée du Doron qui n'a besoin que d'être plus connue pour être visitée du monde entier. Brides et Bozel sont les charmantes étapes qui nous conduisent au milieu de sites admirables à la station de Pralognan (Midi, 1450 ^{m} environ). Rien dans les paysages si vantés de la Suisse ne dépasse la beauté de ce pittoresque village, appelé à devenir un jour par sa position exceptionnelle l'un des centres d'excursions les plus fréquentées de la Savoie. Situé au pied des cols de la Vanoise, de Chavière et d'Aussois, il est en outre le point de départ le plus commode pour les plus grandes ascensions du massif de la Vanoise: la Grande Motte, la Grande Casse ou Pointe des Grands Couloirs (3861 ^{m}), la Pointe du Dar, le Dôme de Chasseforêt (3597 ^{m}), la Roche Chevrière, etc. Un homme aussi consciencieux qu'intelligent, dont nous nous étonnons fort que notre regretté collègue Cordier ait pu avoir à se plaindre, Favre, y a récemment fondé une auberge où l'on trouve la propreté et le comfort nécessaires, joints à un certain luxe qui ne peut manquer de faire sa prospérité, et tout prédit à Pralognan les prochains honneurs d'une station alpestre aussi renommée que Zermatt ou Interlaken.

Ascension du Dôme de Chasseforêt (3597 m).

Dédaigneux des cols pourtant si beaux de la Vanoise et de Chavière, nous avions résolu de rentrer en Maurienne en passant par le Dôme de Chasseforêt (3597 m), charmante et peu difficile excursion dans laquelle le temps seul avait empêché nos intrépides collègues Puiseux de nous devancer l'année dernière.

Après nous être munis d'un nouveau porteur et des provisions nécessaires, nous quittions Pralognan à 4 h. de l'après-midi, pour remonter au Sud la vallée du Doron de Chavière. Les bois s'éclaircissent peu à peu, nous sommes dans les pâturages au pied du Mont Blanc, sommité de 2695 m, qui ne doit ce nom qu'aux affleurements de gypse qui la terminent. Au Pont des Prioux (5¼ h., — 1750 m environ), nous quittons le Doron pour nous élever sur la gauche à travers les rocailles jusqu'aux chalets des Nants (2350 m environ), que nous atteignons à 6 h. 10 min. Le chalet est désert et nous sommes obligés de nous improviser une sorte

de bivouac dans ses ruines, où nous passons presque
en plein air la plus froide nuit qu'il soit possible
d'imaginer.

Aussi sommes-nous sur pied dès la première lueur
de l'aube, et notre direction ayant été reconnue la
veille au soir par Devot, nous nous mettions en marche
le 4 août à 3 h. du matin, accompagnés des guides
Michel Folliguet de Chamonix, Pierre Ginet d'Allemont et des porteurs Joseph Folliguet de Chamonix
et François Favre de Pralognan. Nous continuons à
remonter vers le Nord la combe rocheuse des Nants,
nous passons à 4 h. au chalet supérieur des Turges,
et nous nous élevons péniblement par un clapier de
gros échantillons. A 4³/₄ h. nous avons atteint le col
ou plutôt l'arête qui relie la pointe 2689 à la pointe
3254; nous voyons très distinctement au-dessus de
nos têtes la tranche puissante du glacier que nous
allons aborder; au Nord et surtout au Sud le panorama commence à s'étendre, et dans le lointain nous
reconnaissons la cime des Ecrins que dore le soleil.

Nous suivons quelques instants cette arête, puis à
5 h. nous arrivons à la paroi rocheuse (2980ᵐ environ). L'escalade n'en est pas difficile, et la roche
primitive offre partout au pied un point d'appui solide.
A 6 h. nous sommes sur la pointe 3254 et notre
horizon continue à s'agrandir; nous cheminons sur
une arête rocheuse qui émerge du glacier et à 6½ h.
nous parvenons sans difficulté sur la ligne de faîte
(3400ᵐ environ).

Nous nous arrêtons quelques minutes sur un mon-
ticule noirâtre qui tranche sur l'immense tapis blanc

de la montagne, et nous jouissons déjà de ce point d'une vue immense qui comprend notamment le Grand Combin, le Grand Paradis, les Ecrins, la Meidje, l'Etendard, etc. Repartis à 6ᵃ⁄₄ h., nous gravissons une croupe neigeuse faiblement inclinée, et après nous être écartés un instant à la poursuite d'une troupe de chamois, nous arrivons à 7¹⁄₂ h. au sommet 3584ᵐ. Après avoir fait de ce point rapproché quelques observations sur la Roche Chevrière et la Dent Parrachée nous nous dirigeons à l'Est vers le Dôme de Chasseforêt (3597ᵐ) et à 8 h. nous en prenons possession.

Nous étions là au centre d'un horizon incomparable, dont la transparente pureté d'un jour exceptionnel ne nous cachait aucun détail.

Sous nos pieds s'étendaient les vallons de la Leisse et de la Rocheure, séparés par la pointe de la Sana (3450ᵐ); à l'Est, au premier plan se montraient le Grand Roc Noir, l'Aiguille et la Pointe de Méan Martin, le Signal d'Iseran et l'Aiguille Pers; au second plan, toute la chaîne frontière : Les Trois Levanna, les rochers de Mulinet, la pointe de Bessans, Chalanson, la Ciamarella, le Mont Collerin, la Grande Parei, la Pointe de Charbonnel, celle de Ronce, Rochemelon, le Mont Viso, etc. Dans le lointain, apparaissaient le Grand Paradis, les plaines de l'Italie et les Apennins. — Vers le Sud la Dent Parrachée (3712ᵐ) s'élevait aiguë dans les airs; à droite, au-dessus de la Roche Chevrière et des pointes qui nous en séparent, nous voyons les montagnes du Dauphiné, le Pelvoux, la Barre des Ecrins, la Meidje, le Rateau, l'Aiguille du Plat, le Goléon, les Aiguilles d'Arve, l'Etendard, etc.

— A l'Ouest le massif des Aiguilles de Polset et de Péclet se montre tout d'abord; puis les montagnes de la Basse-Maurienne, et les Bauges dominées par la Tournette. Au Nord la Grande Casse ou Pointe des Grands Couloirs attire en premier lieu les regards; viennent ensuite la Grande Motte, le Mont Pourri, l'Aiguille de la Sassière, dominées par la masse imposante du Mont Blanc, et dans le lointain les Alpes suisses, le Grand Combin, le Mont Rose, etc., au-dessus d'une infinité de vallées et de montagnes secondaires.

En face de cet émouvant spectacle, le vent et le froid nous sont indifférents, et deux heures sont bientôt passées à dénombrer toutes ces pointes et à en dessiner quelques-unes.

L'espace découvert est si restreint qu'il nous est impossible d'y construire un cairn et d'y laisser le procès-verbal de notre ascension, et à 9³/₄ h., nous nous décidons enfin à partir, à la grande joie des guides que le froid commençait à congeler. Attachés de nouveau à la corde, nous nous efforçons de descendre directement à l'Est sur les chalets de l'Arpont, pour éviter les grandes crevasses du glacier de la Dent Parrachée. Nous tenons la gauche autant qu'il est possible; nous avons néanmoins à franchir un passage assez dangereux, où le glacier fort incliné domine directement deux grandes crevasses, et où l'adresse de Michel Folliguet qui creuse les pas en tête, nous est fort précieuse. Enfin après 1½ h. d'efforts, nous atteignons à 11¼ h. les moraines du bas du glacier (2750ᵐ environ). A 11½ h., sur un petit plateau de gazon, tout joyeux de notre réussite, nous reprenons des forces dans un copieux déjeûner, puis à Midi ¾ nous nous remettons en route. A 1 h. nous sommes aux chalets de l'Arpont (2300 m environ), où nous rejoignons un sentier, qui vient du col de la Vanoise (2527 m). Dès lors la descente n'est plus qu'un jeu : nous passons à 1 ½ h. aux premiers chalets du Mont ; à 1 h. 40 min. aux seconds chalets, et continuant à suivre le sentier qui descend en rapides contours à travers des pâturages admirables, nous arrivons à 2 ½ h. au fond du vallon de Thermignon, au-dessous de Notre Dame des Prés (1350 m environ). A 3 h. nous faisions, par un temps encore splendide, notre entrée à Thermignon (1280 m), et nous logions à l'hôtel du Lion d'Or, le gîte habituel de notre collègue Puiseux qui allait bientôt y revenir continuer le cours de ses exploits.

La traversée du Dôme de Chasseforêt, que nous venions d'accomplir si aisément, est vraiment fort belle, et justifie amplement les éloges qu'en faisait M. Puiseux dans l'Annuaire de 1876 du C. A. F. Notre intrépide collègue avait, en effet, posé l'année dernière les premiers jalons de cette belle excursion, que le temps seul l'avait empêché d'achever, et dont nous venions de lui dérober la priorité. Les beaux succès de sa campagne de cette année lui permettent bien de nous pardonner ce vol, dont il s'est d'ailleurs dédommagé en explorant complètement un mois plus tard l'immense étendue des glaciers de la Vanoise et du Pelvou. Je ne saurais dans tous les cas trop la recommander à nos collègues qui y retrouveront les émotions des plus beaux champs de glace du Mont Blanc, du Mont Rose ou de la Jungfrau.

Résumé: De Pralognan aux chalets du Nant, 2 h. — Des chalets du Nant au sommet du Dôme de Chasseforêt, 4 ½ h. — Du sommet aux chalets de l'Arpont, 2 h. — Des chalets de l'Arpont à Thermignon, 2 h.

Total: De Pralognan à Thermignon, 10 ½ h. de marche.

Ascension du Signal et de la Pointe de Méan-Martin (3326 et 3337ᵐ).

(Haute-Maurienne.)

A Thermignon, je devais abandonner Devot pour rentrer de suite à Grenoble. Mais les séductions du beau temps sont irrésistibles, et je me décidai bien vite à suivre mon ami dans une nouvelle escalade. Aussi, le dimanche 5 août, après avoir renvoyé Favre à Pralognan, reprenions-nous le chemin de Bonneval. Un bon dîner chez Garinot à Bessans nous sert de station, et à 7 h. du soir, j'étais de retour chez Jean Culet.

Nous avions eu l'intention d'escalader la Pointe de Charbonnel (3760ᵐ), puis nous l'avions abandonnée pour celle de Chalanson (3662ᵐ). Culet qui connaît parfaitement ses montagnes, où il a été si longtemps la terreur des chamois, nous en dissuada, et nous convie à diriger plutôt nos efforts vers la Pointe de Méan-Martin, vierge encore, et d'où l'on doit jouir d'un coup d'œil magnifique sur la chaîne de la Vanoise aussi bien que sur celle de la Levanna. Dociles aux inspirations de notre aimable hôte, nous le prions de nous procurer un guide pour le lendemain. Blanc Greffier, mon guide de la Levanna, est absent; mais son compagnon de chasse, Germain Brun, le remplacera, les provisions sont mises dans les sacs, et, comptant nous lever de bonne heure, nous allons nous plonger dans des lits confortables qu'on ne s'attendrait certes pas à trouver à 1835 ^{m} d'altitude.

Mais le lendemain, j'entends à 3 h. du matin nos guides déclarer que le temps est mauvais. A 6 h. je me lève, et trouvant les apparences satisfaisantes, je réveille Devot et gourmande les guides qui ne sont pas d'avis de partir. Je veux cependant tenter l'excursion, quel que soit le risque de l'orage, et à 6 h. 50 min. notre petite troupe se met en marche.

On monte au Nord-Ouest au-dessus de Bonneval par un petit sentier qui serpente au travers de prairies fort inclinées; nous passons aux chalets dits Sur le Clos, et nous contournons au Sud les escarpements de la Pointe de la Mêt. Là le pâturage cesse et fait place à un sol schisteux; à 9 h. nous arrivons à une sorte de plateau de névés et d'éboulis précédant le grand glacier des Roches. La vue de ce point, où l'on arrive sans peine et sans difficultés, est déjà fort belle sur la chaîne de frontière. On fouille dans tous ses replis le cirque originaire de la Maurienne, et les vallons de l'Ecote, de la Duys et du Mullinet. A l'horizon, voici la crête du Carro, les trois pointes de la Levanna, les inaccessibles rochers de Mullinet, la pointe de Bessans qui est fort loin de justifier les 3858 ^{m} que lui donne la carte de l'Etat-Major, la belle Ciamarella, la pointe d'Albaron et celle de Chalanson, puis le Mont Collerin, les Grandes Pareis, la superbe Pointe de Charbonnel, et vers le Sud, les beaux glaciers de la Pointe de Ronce et du Rochemelon.

Nous traversons tout droit à l'Ouest le plateau et le glacier des Roches, et à $9^{1}/_{2}$ h., nous arrivons sur l'arête un peu au Sud du Col de Bezin et de la Pointe des Roches. Nous sommes à 3000^m d'altitude ; au-dessus de nous se dresse le Signal de Méan-Martin, et au Sud-Ouest la Pointe, tandis qu'au Nord s'ouvre le glacier crevassé des Fours et le vallon des Quecées de Tignes ; à travers la brume nous distinguons encore la Grande Motte, le fier Mont Pourri, et dans le lointain les montagnes du Petit St-Bernard.

Après une halte d'une demi-heure, on se remet en marche. Devot et son guide Folliguet sont d'avis d'escalader le Signal par l'arête même sur laquelle nous sommes : un couloir dans lequel on taillerait une cinquantaine de marches nous conduirait aux rochers qui paraissent faciles. Germain Brun soutient qu'il vaut mieux contourner le glacier des Roches et venir prendre la face Sud du Signal. Je me rallie à son opinion, et nous voilà en route. Le glacier est très bon, et sauf une petite chute dans une crevasse, nous arrivons sans accident à 11 h. sur le col glacé qui sépare notre Signal de la pointe cotée 3241^m. De là un mauvais passage dans des rochers mal équilibrés qui menacent à chaque instant de nous entraîner dans leur chute, nous conduit sur une pente fort inclinée de débris schisteux et mouvants, par laquelle nous arrivons à 11 h. 50 min. au sommet du Signal de Méan-Martin (3326^m).

De ce belvéder si bien placé la vue est fort belle, et aucune cime ne vient masquer une partie notable de l'horizon. On plane sur le vallon de la Rocheure comme sur la vallée de l'Arc: on voit au Nord toute la Haute-Isère; tous les pics du massif de la Vanoise et de l'Iseran, voire même la Grande Sassière, viennent

Vue de la Pointe de Méan-Martin prise du Signal de M. M.

s'ajouter au panorama que nous avons contemplé tout-à-l'heure, et vers le Nord, le Mont Blanc déploie à nos yeux sa chaîne étincelante. Au Sud la brume nous cache la vue qui doit être fort étendue, car aucun pic n'est de nature à la limiter.

Une arête fort aiguë nous sépare de la Pointe de Méan-Martin, vierge encore, mais élevée à peine de 11ᵐ au dessus de notre Signal. L'heure avancée de la journée ne nous permettant pas de tout faire, nous nous distribuons les rôles, et tandis que je mets entre deux pierres le procès-verbal de notre ascension, et que je dessine notre panorama sur la chaîne frontière, Devot va avec les guides planter notre drapeau .... non, notre bouteille sur la Pointe enfin vaincue de Méan-Martin (3337 ᵐ). Partis à midi et 10 min., je vois à midi et ³/₄ mes compagnons arrivés au sommet dont l'escalade est rendue difficile et dangereuse par les blocs de rochers désagrégés qui s'éboulent sous les pieds. Je réponds à leurs clameurs joyeuses, et continue mon dessin tandis qu'ils bâtissent une pyramide; puis à 1¼ h. nous partons tous ensemble, et descendant à la course les pentes rapides d'éboulis mouvants qui tapissent la face méridionale de la montagne, nous nous rejoignons à 1 h. 35 min. à 3100ᵐ environ d'altitude, au sommet du cirque du Vallon, où nous faisons halte pour dîner sur de nombreux blocs de belle serpentine. Une vieille bouteille du crû renommé de Sᵗ-Jean vient arroser dignement ce dernier exploit.

A 2 h. 20 min. nous commençons la descente difficile des rochers abrupts qui forment le Cirque du Vallon. Grâce à la prudence de nos guides nous passons sans fâcheux incident d'une terrasse à l'autre, nous atteignons le fond de l'entonnoir, et à 3¹⁄₂ h. nous nous arrêtons au Pont du Vallon (2300ᵐ), à l'entrée de cette gorge étrange. Nous admirons ce cirque imposant, dont les parois, en apparence inaccessibles, ont de 700 à 800ᵐ de haut. Il forme un demi-cercle à peu près régulier, et je n'ai jamais rien vu dans nos

Alpes granitiques qui rappelle aussi bien les cirques des Pyrénées; avec ses innombrables cascatelles, c'est en petit la reproduction du fameux cirque de Gavarnie.

A 4 h. nous prenons le sentier qui passant au pied de la curieuse Pointe dite les Croix de Dom Jean Maurice (3140^m), va descendre à Bessans par une pente douce au milieu des prairies. Nous passons auprès de diverses mines de cuivre abandonnées, et de nombreux chalets, et à 5 ½ h. nous arrivons à Bessans, où nous nous séparons de Germain Brun.

Chez Garinot, où notre dîner était commandé, nous retrouvons nos bagages qu'y a envoyés le père Culet. Puis, le temps devenant tout-à-fait menaçant, nous préférons regagner le jour même Lans-le-bourg. Nous quittons donc Bessans à 7 h. et nous voilà à dérouler de nouveau ce long ruban de la vallée de l'Arc, pressés à la fois par l'approche de la nuit et de l'orage. A 8 h., l'un et l'autre nous atteignent au col de la Madeleine; à 8 ½ h., nous traversons Lans-le-villard, et à 9 h., mouillés et fatigués, nous rentrons à l'hôtel Valloire à Lans-le-bourg où finissait notre campagne.

Le 7 août, nous reprenions à 9 ¾ h., mais cette fois en sens inverse, le courrier de Lans-le-bourg, qui nous déposait à Modane à Midi et demi. Puis après un bon dîner au buffet de la gare, nous montions en wagon, et la locomotive nous emportait vers le siége du Deuxième Congrès du C. A. F. A Montmélian, nous quittons le brave Folliguet et son neveu qui rentrent directement à Chamonix, et nous arrivions le soir même à Grenoble, d'où Devot allait encore le surlendemain faire avec Ginet la superbe ascension du Grand Pic de Belledonne (3040^m), que j'avais faite, sixième, l'année dernière à une époque un peu plus avancée de l'année*).

Mécomptes et fatigues, tout est oublié, et il ne nous reste que le souvenir de quelques bons jours passés ensemble loin des soucis et au milieu de l'air pur de la montagne, ainsi que le désir de repartir bientôt pour escalader encore quelques-unes des belles cimes de cette intéressante Maurienne que je ne saurais trop engager nos collègues à venir visiter.

*) Voir l'Annuaire de 1876 du C. A. F.

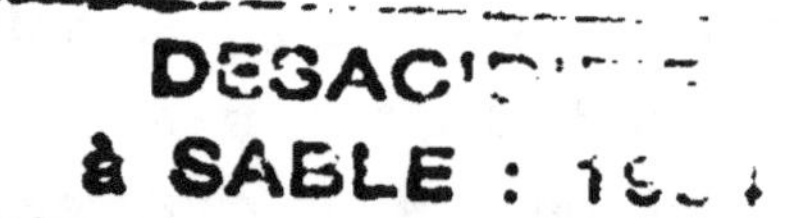